BEI GRIN MACHT SICH IHR WISSEN BEZAHLT

- Wir veröffentlichen Ihre Hausarbeit, Bachelor- und Masterarbeit

- Ihr eigenes eBook und Buch - weltweit in allen wichtigen Shops

- Verdienen Sie an jedem Verkauf

Jetzt bei www.GRIN.com hochladen und kostenlos publizieren

Dimitrios Skodras

Formfaktoren des semileptonischen D zu Klv Zerfalls

GRIN Verlag

Bibliografische Information der Deutschen Nationalbibliothek:

Die Deutsche Bibliothek verzeichnet diese Publikation in der Deutschen National-
bibliografie; detaillierte bibliografische Daten sind im Internet über http://dnb.d-
nb.de/ abrufbar.

Impressum:

Copyright © 2014 GRIN Verlag GmbH
Druck und Bindung: Books on Demand GmbH, Norderstedt Germany
ISBN: 978-3-656-74452-8

Dieses Buch bei GRIN:

http://www.grin.com/de/e-book/278356/formfaktoren-des-semileptonischen-d-zu-
klv-zerfalls

Formfaktoren des semileptonischen $D \to Kl^+\nu$ Zerfalls

Bachelorarbeit
zur Erlangung des akademischen Grades
Bachelor of Science

vorgelegt von
Dimitrios Skodras

Lehrstuhl für Theoretische Physik IV
Fakultät Physik
Technische Universität Dortmund
2014

Datum des Einreichens der Arbeit: 14. Juli, 2014

„*Es gibt nichts Praktischeres, als eine gute Theorie.*“
                                        - Kant, Immanuel

Inhaltsverzeichnis

Abbildungsverzeichnis

Tabellenverzeichnis

Kapitel 1

Einleitung

Wie es Johann Wolfgang von Goethe in Faust I schreibt, versucht der Mensch, zu erkennen, was die Welt im Innersten zusammenhält. Im vergangenen Jahrhundert sind sehr viele Aufwendungen getätigt worden, diese metaphorische Frage zu beantworten, also die grundlegenden Bestandteile der Natur zu identifizieren. Die Teilchen und die sie beschreibenden Kräfte werden im sogenannten Standardmodell (SM) zusammengefasst, welches stetig ausgeweitet und verbessert wird. Teil dieses Modells ist die Beschreibung von flavourändernden Zerfällen von aus Quarks zusammengesetzten Hadronen im Zuge der schwachen Wechselwirkung. Der hierbei auftretende Teilchenstrom der Quarks wird durch ein Matrixelement beschrieben, welches sich durch den großen Einfluss der starken Wechselwirkung nicht mehr störungstheoretisch bestimmen lässt und deshalb eine Darstellung von Formfaktoren verwandt wird. Diese einheitenlosen Größen enthalten sämtliche theoretisch nicht zugängliche Parameter und sind durch die Verwendung experimenteller Daten berechenbar. Die Bestimmung der Formfaktoren ist Ziel dieser Arbeit.

Zu Beginn dieser Arbeit werden die theoretischen Grundlagen der Relativistik, der Quantenmechanik sowie des Standardmodells mit spezieller Betrachtung der schwachen Wechselwirkung und schließlich einer näher diskutierten Parametrisierung für Formfaktoren vertieft. Hier ermittelte Ergebnisse umfassen die Bestimmung des physikalisch relevanten Bereichs des betrachteten Zerfalls sowie die Vorstellung des zum Fit des Formfaktors benutzten Skripts und die daraus resultierenden Größen der Formfaktoren.

Kapitel 2

Theorie

Um Kenntnis über die Formfaktoren zu erlangen, ist es zuvor erforderlich, beteiligte Zusammenhäge zu beleuchten. Ein Einblick in die historische Physik des 20. Jahrhunderts soll die Grundlage für die den Zerfall entscheidende schwache Wechselwirkung schaffen. Zuletzt wird eine Parametrisierung von Formfaktoren vorgestellt.

2.1 Voraussetzungen moderner Physik

Die physikalischen Errungenschaften aus der ersten Hälfte des 20. Jahrhunderts stellen aus heutiger Sicht, aufgrund ihrer Richtigkeit und Exaktheit, die Bedingung ihrer Gültigkeit an moderne Theorien. Hiermit sind die Spezielle Relativitätstheorie (SRT) und die Quantenmechanik gemeint. Davon sind im Rahmen dieser Arbeit die relativistische Kinematik, die Dirac-Gleichung sowie die störungstheoretische „Goldene Regel" von Fermi von Bedeutung.

2.1.1 Relativistische Kinematik

Die SRT stellt die fundamentale Forderung, dass die Form der Naturgesetze unabhängig vom Inertialsystem gleich ist. Die Lichtgeschwindigkeit c als größte vorkommende Geschwindigkeit ist in allen Inertialsystemen gleich groß und wird in natürlichen Einheiten von nun an $c = 1$ gesetzt. Die relativistische Energie-Impuls-Beziehung $E^2 = m^2 + \vec{p}^2$ beschreibt einen allgemeinen Zusammenhang zwischen der Energie E, der Masse m und dem Impuls $\vec{p}$. Zur Beschreibung der Bewegung von relativistischen Teilchen wird wegen der Energie-Impuls-Beziehung und der Verknüpfung von Raum x und Zeit t ($x = t$) das Konzept der Vierer-Vektoren eingeführt. Es gestaltet sich so, dass die Zeit als nullte Komponente des Raums und die Energie als nullte Komponente des Impulses angesehen werden kann, was die 4-Dimensionalität zeigt [1].

$$x^\mu = (t, x, y, z)^\mu \qquad \text{Vierer-Ort} \qquad (2.1)$$

$$p^\mu = (E, p_x, p_y, p_z)^\mu \qquad \text{Vierer-Impuls} \qquad (2.2)$$

Der Index μ kann ganzzahlige Werte zwischen 0 und 3 annehmen und steht für die jeweilige Komponente des Vektors. Im Gegensatz zu euklidischen Räumen kann ein Skalarprodukt zweier Vierer-Vektoren nur dann beschrieben werden, wenn einer kovariant (Index unten) und der andere kontravariant (Index oben) ist. Diese Überführung geschieht durch die Minkowskimetrik η, die die Norm unter Lorentz-Transformationen invariant lässt

$$p^2 = p^\mu \eta_{\mu\nu} p^\nu = p^\mu p_\mu = E^2 - \vec{p}^2 = m^2, \qquad (2.3)$$

was wiederum die relativistische Energie-Impuls-Beziehung ist. Die Einsteinsche Summenkonvention wird hierbei angewandt.

2.1.2 Dirac-Gleichung

Die bekannte Schrödinger-Gleichung zur Beschreibung quantenmechanischer Prozesse zeigt keine Invarianz unter Lorentztransformationen, da sie nicht der relativistischen Energie-Impuls-Beziehung genügt. Eine Gleichung, die lorentzinvariant ist und deren Lösung zudem eine positive Wahrscheinlichkeitsdichte aufweist, ist die Dirac-Gleichung, die für Spin$1/2$-Teilchen, die Fermionen, gilt. Um dies zu gewährleisten, müssen die partiellen Zeit- und Ortsableitungen in jeweils erster Ordnung sein und damit folgender Schrödinger-Form genügen [3]:

$$i\partial_t \psi = \left(-i\alpha^k \partial_k + \beta m\right)\psi = \mathcal{H}_\mathrm{D}\psi, \qquad (2.4)$$

mit dem reduzierten Planckschen Wirkungsquantum in natürlichen Einheiten $\hbar = 1$ und $\mathcal{H}_\mathrm{D}$, dem diracschen Hamiltonian. Die $\alpha^k = \gamma^0\gamma^k$ und $\beta = \gamma^0$ sind die historischen Dirac-Matrizen. Gelöst wird diese Schrödinger-Form von der Dirac-Gleichung

$$(\not{p} - m)\psi = 0, \qquad (2.5)$$

mit $\not{p}$ als Impulsoperator in der Feynman-Slash-Notation, allgemein für einen beliebigen Operator A

$$\not{A} := \gamma^\mu A_\mu = \gamma^0 A_0 - \gamma^i \cdot A_i \qquad (2.6)$$

und ψ als Wellenfunktion. Die γ-Matrizen in der Dirac-Pauli-Notation lauten

$$\gamma^0 = \begin{pmatrix} \mathbb{1} & 0 \\ 0 & -\mathbb{1} \end{pmatrix}, \quad \gamma^i = \begin{pmatrix} 0 & \sigma^i \\ -\sigma^i & 0 \end{pmatrix} \quad \text{und} \quad \gamma^5 = \begin{pmatrix} 0 & \mathbb{1} \\ \mathbb{1} & 0 \end{pmatrix}$$

mit $\mathbb{1}$ als 2x2-Einheitsmatrix und den σ^i als Paulimatrizen

$$\sigma^1 = \begin{pmatrix} 0 & 1 \\ 1 & 0 \end{pmatrix}, \quad \sigma^2 = \begin{pmatrix} 0 & -i \\ i & 0 \end{pmatrix} \quad \text{und} \quad \sigma^3 = \begin{pmatrix} 1 & 0 \\ 0 & -1 \end{pmatrix}.$$

Die Lösungen der freien Dirac-Gleichung sind Wellenfunktionen

$$\psi_+(x) = u(p)^{(1,2)}\, e^{-ip^\mu x_\mu} \qquad \text{und} \qquad \psi_-(x) = v(p)^{(1,2)}\, e^{+ip^\mu x_\mu}, \tag{2.7}$$

die eingesetzt in (2.5) die Gleichungen für die Spinoren u und v

$$(\not{p} - m)u^{(1,2)} = \bar{u}^{(1,2)}(\not{p} - m) = 0 \tag{2.8}$$

$$(\not{p} + m)v^{(1,2)} = \bar{v}^{(1,2)}(\not{p} + m) = 0, \tag{2.9}$$

ergeben, wobei $\not{p}$ hier nun kein Operator, sondern der Eigenwert des Viererimpulses der ebenen Welle (2.7) ist und $\bar{a} = a^\dagger \gamma^0$, mit $\dagger$ als komplexe Konjugation und Transponierung. Die Energieeigenwerte der freien Lösungen für Teilchen ψ_+ sind positiv und die der Antiteilchen ψ_- negativ, was mit der Löchertheorie interpretiert wird. Wie bereits erwähnt, existiert bei der Dirac-Gleichung ein Wahrscheinlichkeitsstrom j^μ, der der lorentzinvarianten Kontinuitätsgleichung

$$\partial_\mu j^\mu = 0 \tag{2.10}$$

genügt. Zur Ermittlung wird (2.4) von links mit der komplex konjugierten Wellenfunktion und die komplex konjugierte Form von (2.4) von rechts mit der nicht komplex konjugierten Wellenfunktion multipliziert. Hierzu dient die Gleichheit $(\gamma^\mu)^\dagger = \gamma^0 \gamma^\mu \gamma^0$. Die daraus resultierenden Gleichungen voneinander abgezogen ergeben die eben genannte Kontinuitätsgleichung. Der Wahrscheinlichkeitsstrom lautet somit

$$j^\mu = \bar{\psi} \gamma^\mu \psi. \tag{2.11}$$

2.1.3 Fermis Goldene Regel

In der Elementarteilchenphysik werden unter anderem Zerfälle untersucht, deren Edukte im betrachteten Zerfall sehr kurze Lebenszeiten τ (vgl. Tabelle 2.2) haben und diese sich daher nicht sehr präzise bestimmen lassen. Die Relation zwischen der mittleren Lebensdauer und der Zerfallsrate Γ, einer experimentell bestimmbaren Größe, lautet

$$\Gamma\tau = 1 \quad \leftrightarrow \quad \Gamma = \frac{1}{\tau}. \tag{2.12}$$

Für einen beliebigen Zerfall ist es von Interesse, eben diese Zerfallsrate auszurechnen und dazu benötigt man im Allgemeinen eine Zerfallsamplitude M (auch Matrixelement genannt) und einen verfügbaren lorentzinvarianten Phasenraum Φ [2][4]. Die Amplitude, die mithilfe der Feynman Regeln berechenbar ist, enthält hierbei die dynamischen Informationen, der Phasenraum die kinematischen, also die Massen, Energien und Impulse der beteiligten Teilchen. Nach Fermis goldener Regel lässt sich die differentielle Zerfallsbreite durch

$$\mathrm{d}\Gamma(D \to Kl\nu) = \frac{|M|^2}{2m_D}\,\mathrm{d}\Phi(K, l, \nu) \tag{2.13}$$

ausdrücken, mit m_D, der Masse des D-Mesons. Der Phasenraum lässt sich als

$$\mathrm{d}\Phi = (2\pi)^4 \frac{\mathrm{d}^3 p_K}{2(2\pi)^3 E_K} \frac{\mathrm{d}^3 k_l}{2(2\pi)^3 E_l} \frac{\mathrm{d}^3 k_\nu}{2(2\pi)^3 E_\nu} \delta^4(p_D - p_K - k_l - k_\nu) \tag{2.14}$$

schreiben, wobei k_i fortan Leptonimpulse, p_i Hadronimpulse, P die Summe $p_D + p_K$ und q kurz die Differenz $p_D - p_K$ bezeichnet. Dabei ist δ die diracsche Deltafunktion, deren Aufgabe die Erhaltung von Energie und Impuls ist. Mit diesen Informationen, soll (2.13) berechnet werden. Das hierzu benötigte Matrixelement wird über den Erwartungswert eines Hamiltonians berechnet, der sich in einen Quark- und einen Leptonenstrom aufteilen lässt. Deren Struktur wird durch (2.11) und die V-A-Theorie aus Abschnitt 2.2.2.2 vorgegeben. Da der leptonische Anteil nicht stark wechselwirkt, ist eine explizite Darstellung des Erwartungswerts möglich. Anders hingegen verhält es sich beim Quarkstrom, der nach Abschnitt 2.3 durch Formfaktoren $f_\pm$ ausgedrückt werden kann.

$$M = \langle Kl\nu|\mathcal{H}|D\rangle$$

$$
\begin{aligned}
&= \frac{G_F V_{cs}}{\sqrt{2}} \langle K \,|\, j^{\mu}_{\text{quark}} \,|\, D \rangle \cdot \langle l\nu \,|\, j^{\text{lepton}}_{\mu} \,|\, 0 \rangle \\[4pt]
&= \frac{G_F V_{cs}}{\sqrt{2}} \langle K(p_K) \,|\, \bar{s}\gamma^{\mu}(1 - \gamma_5)c \,|\, D(p_D) \rangle \cdot \bar{u}(k_l)\gamma_{\mu}(1 - \gamma_5)v(k_\nu) \\[4pt]
&=: \frac{G_F V_{cs}}{\sqrt{2}} \langle K(p_K) \,|\, V^{\mu} - A^{\mu} \,|\, D(p_D) \rangle \cdot \bar{u}(k_l)\gamma_{\mu}(1 - \gamma_5)v(k_\nu) \\[4pt]
&= \frac{G_F V_{cs}}{\sqrt{2}} \left[f_{+}(q^2)P^{\mu} + f_{-}(q^2)q^{\mu} \right] \bar{u}\gamma_{\mu}(1 - \gamma_5)v
\end{aligned}
\tag{2.15}
$$

In den Vorfaktor gehen die Fermikonstante G_F und ein in 2.2.2.3 wiederkommendes Matrixelement V_{cs} ein. $\bar{s}$ und c sind quantenfeldtheoretische Vernichtungs- bzw. Erzeugungsoperatoren der jeweiligen Quarks. V^{μ} und A^{μ} sind der vektorielle und axialvektorielle Anteil des Quarkstroms, der in Abschnitt 2.2.2.2 beschrieben wird. Weiterhin sind $f_{\pm}$ die noch zu diskutierenden Formfaktoren, von denen an dieser Stelle nur f_{+} weiter betrachtet werden soll, da in Abschnitt 3.2 gezeigt werden wird, dass dieser der einzig verbleibende ist. Nach der Quadrierung von M wird der leptonische Anteil über Casimirs Trick [4] umgeformt

$$
\begin{aligned}
|M|^2 &= \frac{G_F^2 |V|^2}{2} |f_{+}(q^2)|^2 P^{\mu}P^{\nu} \cdot 8\left(k_{l,\mu}k_{\nu,\nu} - g_{\mu\nu}k_l k_\nu + k_{l,\nu}k_{\nu,\mu} \right) \\[4pt]
&= 4 G_F^2 |V|^2 |f_{+}(q^2)|^2 \left(2P^{\mu}P^{\nu} - P^2 g^{\mu\nu} \right) k_{l,\nu} k_{\nu,\mu} \,,
\end{aligned}
\tag{2.16}
$$

wobei die Indizes $k_{\text{lepton,lorentzindex}}$ bedeuten. Für die Phasenraumbetrachtung sind im Ruhesystem des D-Mesons die Gleichheiten

$$
\frac{\mathrm{d}^3 p_K}{2E_K} = 2\pi |p_K| \,\mathrm{d}E_K \qquad \text{und} \qquad |p_K| = \frac{\sqrt{\lambda(m_D^2, m_K^2, q^2)}}{2m_D} \,,
\tag{2.17}
$$

mit der Källén-Funktion

$$
\lambda(a,b,c) = a^2 + b^2 + c^2 - 2(ab + ac + bc)\,,
\tag{2.18}
$$

sowie die Integration

$$
\int \frac{\mathrm{d}^3 k_l}{2E_l} \frac{\mathrm{d}^3 k_\nu}{2E_\nu} \delta^4(q - k_l - k_\nu) k_\mu k_\nu = \frac{\pi}{24}(q^2 g_{\mu\nu} + 2q_\mu q_\nu)
\tag{2.19}
$$

gegeben [4]. Es ergibt sich für das Phasenraumvolumen mit Übernahme von $k_{l,\nu}$ und $k_{\nu,\mu}$ aus (2.16) somit

$$\mathrm{d}\Phi = (2\pi)^4 \frac{\mathrm{d}p_k}{(2\pi)^9 2E} \int \frac{\mathrm{d}^3 k_l}{2E_l} \frac{\mathrm{d}^3 k_\nu}{2E_\nu} \delta^4(q - k_l - k_\nu) k_\mu k_\nu$$

$$= \frac{|p_K|\,\mathrm{d}E}{(2\pi)^4} \frac{\pi}{24} (q^2 g_{\mu\nu} + 2q_\mu q_\nu)\,. \tag{2.20}$$

Um nun schließlich die differentielle Zerfallsbreite zusammenzufassen, werden (2.16) und (2.20) zusammengeführt. Im folgenden Ausdruck wird die Gleichheit

$$\left(2P^\mu P^\nu - P^2 g^{\mu\nu}\right)\left(2q_\mu q_\nu + q^2 g_{\mu\nu}\right) = 4\lambda(m_D^2, m_K^2, q^2) = 16 m_D^2 |p_K|^2 \tag{2.21}$$

und der aus der Kinematik ableitbare Zusammenhang $\mathrm{d}E = \mathrm{d}q^2/2m_D$ benutzt. Die zu Beginn genannte Gleichung (2.13) wird nun abschließend als

$$\mathrm{d}\Gamma = \frac{G_F^2 |V|^2}{24\pi^3} |f_+(q^2)|^2 |p_K|^3 \,\mathrm{d}q^2 \tag{2.22}$$

ausgedrückt. Da im weiteren Verlauf $|f_+(q^2)|V$ berechnet werden soll, jedoch die komplette von q^2 abhängige Zerfallsbreite gemessen wird, ist der eben hergeleitete Zusammenhang dieser Größen von Bedeutung.

2.2 Standardmodell der Elementarteilchenphysik

Das SM setzt sich aus zwei definierenden Eigenschaften zusammen, den Teilchen und den Eichtheorien, die diese beschreiben. Die sichtbare Materie wird aus Fermionen zusammengesetzt. Zu den Quantenfeldtheorien des SMs, denen jeweils Bosonen als Austauschteilchen zugeordnet werden, gehören die Quantenelektrodynamik (QED), die Quantenchromodynamik (QCD) und die schwache Wechselwirkung, die hier näher beleuchtet wird.

2.2.1 Teilcheninhalt

Seit Langem ist bekannt, dass die als unteilbar angenommenen Atome aus Konstituenten bestehen. Die Elektronenhülle und der Atomkern, der seinerseits aus Protonen und Neutronen zusammengesetzt ist, die ihrerseits wiederum aus Quarks bestehen. Nach derzeitigem Stand gelten Elektronen und die anderen geladenen Leptonen l sowie die Quarks q als punktförmige Teilchen, die keine Substruktur aufweisen. Zu jedem Teilchen gibt es Antiteilchen. Sie gleichen sich zwar in ihrer Masse, tragen jedoch in allen ladungsartigen Quantenzahlen, wie der Leptonenzahl oder der elektrischen Ladung und Parität, ein entgegengesetztes Vorzeichen. Die stabilen, sehr leichten Neutrinos ν existieren zwar nicht in gebundenen Zuständen, gelten jedoch als elementar und sind daher ebenfalls im elementaren Teilchenzoo [5] in Tabelle 2.1 aufgeführt.

Generation		m in MeV	τ in s	q in e		m in MeV	q in e
1	e	0,511	stabil	-1	u	2,3	$+2/3$
	ν_e	$<10^{-6}$		0	d	4,8	$-1/3$
2	μ	105,7	$2,2 \cdot 10^{-6}$	-1	c	1275	$+2/3$
	ν_μ			0	s	95	$-1/3$
3	τ	1777	$2,9 \cdot 10^{-13}$	-1	t	173500	$+2/3$
	ν_τ			0	b	4180	$-1/3$

Tabelle 2.1: Kenndaten elementarer Fermionen (ohne Antiteilchen).

Aus Quarks und ihren Partnern, den Antiquarks $\bar{q}$, ist es nun möglich, verschiedenste Kombinationen zu bilden, die jedoch nach außen hin immer eine ganzzahlige Ladung tragen müssen. Diese Quarkkombinationen, Hadronen genannt, werden durch die Anzahl an Valenzquarks in (Anti-)Baryonen ($\bar{q}\bar{q}\bar{q}/qqq$) und Mesonen ($q\bar{q}$) unterklassifiziert. Hier sind die Mesonen interessant, die je aus mindestens einem Quark der 2. Generation bestehen. Speziell für diese Arbeit das D-Meson und das K-Meson, das aus einem schwachen Zerfall des D-Mesons unter Abstrahlung eines W-Bosons entsteht. Das W zerstrahlt anschließend in ein Leptonenpaar. In Tabelle 2.2 sind ihre Attribute [5] aufgeführt.

	$q\bar{q}$	m in MeV	τ in s	$I(J^P)$	I_z	S	C
D^+	$c\bar{d}$	1869	$1,0 \cdot 10^{-12}$	$1/2(0^-)$	$+1/2$	0	$+1$
D^0	$c\bar{u}$	1865	$4,1 \cdot 10^{-13}$	$1/2(0^-)$	$-1/2$	0	$+1$
$\bar{K}^0$	$s\bar{d}$	497	$\cdot^1$	$1/2(0^-)$	$+1/2$	-1	0
K^-	$s\bar{u}$	493	$1,2 \cdot 10^{-8}$	$1/2(0^-)$	$-1/2$	-1	0

^{1} Das K^0 hat keine eindeutige, mittlere Lebensdauer τ

Tabelle 2.2: Kenndaten der im Zerfall beteiligten Mesonen.

Die hier neu auftauchenden Größen sind die Parität P, der Gesamtdrehimpuls J und die Flavourquantenzahlen des starken Isospins I mit seiner dritten Komponenten I_z sowie der Strangeness S und der Charmness C. Da es sich beim Spectatorquark, dem am schwachen Zerfall unbeteiligten Quark, um ein Teilchen der 1. Generation handelt $(\bar{u},\bar{d})$, gilt $I = \frac{1}{2}$. Mesonen tragen ganzzahligen Gesamtdrehimpuls und da hier die Spinrichtungen ihrer Valenzquarks entgegengesetzt ausgerichtet sind, verschwindet dieser. Weil D^+ und $\bar{K}^0$ pseudoskalar sind, also unter Raumspiegelung ihre Wellenfunktion das Vorzeichen ändern, ergibt sich $P = -1$.

2.2.2 Schwache Wechselwirkung

Die schwache Wechselwirkung gilt als die Einzige der vier fundamentalen Kräfte, die beispielsweise Paritäts- und Flavoureigenschaften von Teilchen verändert. Als niederenergetischen Grenzfall der modernen, quantenfeldtheoretischen Glashow-Weinberg-Salam Theorie (GWS), wird die klassische Theorie von Fermi reproduziert. Diese beinhaltet die sogenannte Vier-Fermionen-Punkt-Wechselwirkung (oder Fermi-Wechselwirkung), die Zerfälle mit vier beteiligten Fermionen beschreiben kann. Bei solchen flavourändernden Übergängen gibt die unitäre 3×3-CKM-Matrix die Wahrscheinlichkeit dazu an.

2.2.2.1 Parität

Wenn ein Prozess vor und nach einer Symmetrieoperation dieselben physikalischen Eigenschaften zeigt, gilt dieser als diesbezüglich invariant. Die Parität, als diskrete Symmetrie, wechselt bezüglich eines beliebigen Ursprungs das Vorzeichen vektorieller und pseudoskalarer Größen eines physikalischen Zustands [6]. Axialvektorielle und skalare Größen bleiben hingegen unberührt. Somit ergeben die Werte $\pi = \pm 1$ sich als Quantenzahlen für den Paritätsoperator $\mathcal{P}$. Bei zweifacher Ausführung entsteht der ursprüngliche Zustand, da Eigenwerte diskreter Symmetrien multiplikativ sind. Unter Berücksichtigung einer sogenannten Eigenparität, die eine feste Teilcheneigenschaft ist, zeigt sich experimentell die Erhaltung der Parität bei elektromagnetischen und starken Wechselwirkungen.

2.2.2.2 Fermi-Wechselwirkung

Zur Beschreibung der schwachen Wechselwirkung wird eine hadronische Stromdichte $V_\mu^{c\dagger}$ eingeführt [6], die eine Form wie (2.11) besitzt. Das c steht hierbei für charged und bedeutet, dass elektrische Ladung übertragen wird. Die hier nicht näher beschriebenen Austauschteilchen müssen daher selbst eine Ladung tragen und werden $W^\pm$-Bosonen genannt, an die zwei geladene Ströme koppeln. Durch ihre hohe Masse von 82 GeV kommt die kurze Reichweite zustande, was die Fermi-Wechselwirkung in einem Punkt erklärt. In Abbildung 2.1 sind die Feynman-Diagramme beider Darstellungen gezeigt.

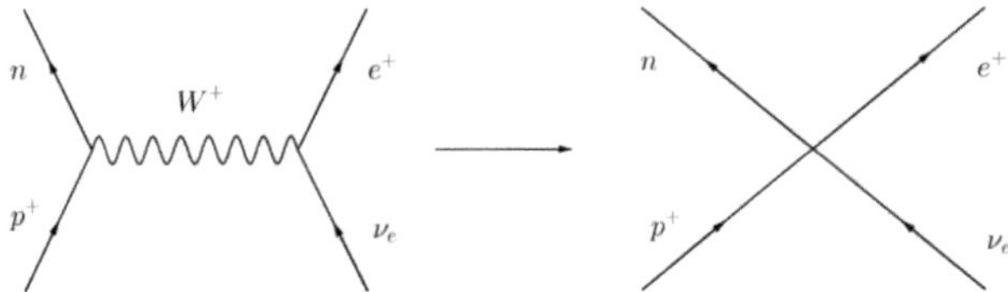

Abbildung 2.1: Feynman-Diagramme für GSW-Theorie (l.) und Fermi-Wechselwirkung (r.).

Zum hadronischen Strom kommt auch ein leptonischer Strom l_μ^c, der im Aussehen seinem Pendant gleicht. Aus ihnen wird über eine Kopplungskonstante ein hermitescher Hamiltonian konstruiert, der bereits in Abschnitt 2.1.3 vorweg genommen wurde

$$\mathcal{H} = \frac{G_F}{\sqrt{2}} \left(V^{c,\mu}\, l_\mu^{c\dagger} + l^{c,\mu}\, V_\mu^{c\dagger} \right), \tag{2.23}$$

dessen Raumzeitstruktur als Vektor-Vektor-Kopplung (VV) bezeichnet wird. Die auftretenden Ströme verhalten sich unter Lorentz-Transformationen wie ein Raumzeit-Vektor. Es zeigt sich, dass diese Art der Kopplung nicht die einzig lorentzinvariante ist. Aus bilinearen Kombinationen 4-komponentiger Spinoren ergeben sich 16 Freiheitsgrade, die sich auf vektorielle (V), skalare (S), tensorielle (T), pseudoskalare (P) und axialvektorielle (A) Ströme verteilen. Bei den möglichen Kombinationen, Strom-Strom-Kopplungen zu erzeugen, gilt zu beachten, dass der Hamiltonian (pseudo-)skalar sein muss, was die Kontrahierbarkeit beider Ströme erfordert. Eine dieser Kopplungen (VA) würde eine Paritätsverletzung erfordern, da der Hamiltonian pseudoskalar ist und daher nicht mit dem Paritätsoperator vertauscht. Nach langem wissenschaftlichen Widerstand ist die Paritätsverletzung jedoch bestätigt worden.

Der Helizitätsoperator für Fermionen H als Skalarprodukt des Impulsoperators $\vec{p}$, der eine vektorielle Größe ist, und des Spinoperator $\vec{\sigma}$, der seinerseits ein Axialvektor ist, zeigt gerade für Neutrinos die Paritätsverletzung. Positive und negative Helizität wären unter Paritätsinvarianz gleich wahrscheinlich, jedoch ergibt sich stets eine Helizität von $\langle H_\nu \rangle = -1$. Für relativistische Invarianz muss ein entsprechender Operator gefunden werden. Bei masselosen, wie auch bei massiven Teilchen ergibt sich ein Projektionsoperator P, der aus Spinoren die linkshändige Komponente extrahiert:

$$P = \frac{1}{2}(1 - \gamma_5). \tag{2.24}$$

Hieraus ergibt sich eine Erweiterung des bisher benutzten Leptonenstroms um linkshändige Neutrinos, die sich, wie in Abschnitt 2.1.3, als

$$l^c_\mu = \bar{\psi}_l \gamma_\mu (1 - \gamma_5) \psi_\nu \tag{2.25}$$

schreiben lässt. Ebenfalls folgt eine Erweiterung des gesamten hadronischen Stroms $h^{c\dagger}_\mu$ in gleicher Form, wie die des leptonischen als

$$h^{c\dagger}_\mu = \bar{\psi}_p \gamma_\mu (1 - c_A \gamma_5) \psi_n, \tag{2.26}$$

mit c_A als ein von der inneren Struktur der nicht punktförmigen Hadronen abhängiger Faktor, der durch Renormierungseffekte der starken Wechselwirkung entsteht. Der Faktor 1/2 fällt bei beiden schwachen Strömen nach Konvention weg. Beide Ströme enthalten neben dem ursprünglich allein gedachten Vektoranteil nun noch einen Axialvektoranteil, was sich in der Bezeichnung V-A-Struktur niederschlägt.

2.2.2.3 CKM-Matrix

Durch die Paritätsverletzung zeigt sich, dass die geladenen, schwachen Ströme an linkshändige Teilchen und rechtshändige Antiteilchen koppeln [7][8]. So liegt der Schluss nahe, Dubletts von Teilchen zu erzeugen, die in gleicher Stärke koppeln. Diese werden aus den zwei Leptonen aus je einer Generation (e und ν_e, sowie μ und ν_μ) und dem Up- und Down-Quark gebildet. Das zu Beginn der CKM-Matrix-Entwicklung (Cabibbo, Kobayashi, Maskawa) bereits bekannte Strange-Quark mit einem damals noch hypothetischen Charm-Quark zu einem Dublett zusammenzufassen, birgt Schwierigkeiten, da Mesonen mit einem s bei einem leptonischen Zerfall, beispielsweise $K^+ (us) \to \mu^+ \nu_\mu$, dem damaligen Verständnis widersprechen. Mit der von Cabibbo entworfenen Idee, das d- und das s-Quark als gedrehte Quarkzustände

$$\begin{pmatrix} d' \\ s' \end{pmatrix} = \begin{pmatrix} d \cos\theta_c + s \sin\theta_c \\ -d \sin\theta_c + s \cos\theta_c \end{pmatrix} \tag{2.27}$$

zu betrachten, ist die Erklärung dieses Flavourwechsels möglich und lässt sich in folgendem Strom ausdrücken

$$j^\mu = (\bar{u}\,\bar{c}) \gamma^\mu (1 - \gamma_5) U \begin{pmatrix} d \\ s \end{pmatrix}, \tag{2.28}$$

$$U = \begin{pmatrix} \cos\theta_c & \sin\theta_c \\ -\sin\theta_c & \cos\theta_c \end{pmatrix}. \tag{2.29}$$

Die Univeralität der Zerfallsamplitude M aus (2.15), die bisher nur die Kopplungskontante G_F besessen hat, enthält nun noch den neuen Parameter θ_c, der Cabibbo-Winkel genannt wird. Dieser Winkel beschreibt den zusätzlichen Kopplungsfaktor der $W^{\pm}$-Bosonen an die schwachen Wechselwirkungseigenzustände u, d', c, s' des u-,d-,s-, bzw. c-Quarks. Aus der Betrachtung von Zerfällen $u \to d$ und $c \to d$ lässt sich $\theta_c \approx 13°$ bestimmen. Die zweidimensionale Matrix U ist zwar wegen Erhaltung der euklidischen Norm unitär, kann jedoch nicht die gefundene CP-Verletzung (Charge, Parity) erklären. Nach Kobayashi und Maskawa muss folglich eine dritte Fermionengeneration existieren, die U in eine $3{\times}3$-Matrix erweitert, die zwar weiterhin unitär ist, aber nun zusätzlich eine komplexe Phase $\mathbf{e}^{i\phi}$ enthält. Die Matrix V_{CKM} ist in der Standardparametrisierung ausdrückbar, bei der die vier freien Parameter die eben genannte komplexe Phase und drei Eulerwinkel $\theta_{12} = \theta_c, \theta_{13}$ und θ_{23} sind. Die Wolfenstein-Parametrisierung beschreibt die CKM-Matrix ihrerseits mit den vier Parametern λ, A, ρ und η, welche die Verbindungen $\lambda = \sin\theta_{12}$, $A\lambda^2 = \sin\theta_{23}$ und $A\lambda^3(\rho - i\eta) = \sin\theta_{13}\,\mathbf{e}^{-i\phi}$ haben.

$$V_{\mathrm{CKM}} = \begin{pmatrix} V_{ud}\,V_{us}\,V_{ub} \\ V_{cd}\,V_{cs}\,V_{cb} \\ V_{td}\,V_{ts}\,V_{tb} \end{pmatrix} = \begin{pmatrix} 1 - \frac{1}{2}\lambda^2 & \lambda & \lambda^3 A(\rho - i\eta) \\ -\lambda & 1 - \frac{1}{2}\lambda^2 & \lambda^2 A \\ \lambda^3 A(1 - \rho - i\eta) & -\lambda^2 A & 1 \end{pmatrix} + \mathcal{O}(\lambda^4)$$

$$(2.30)$$

Sollte die CP-Verletzung einzig aus der komplexen Phase kommen, lässt sich zeigen, dass CP-verletzende Amplituden proportional zur Fläche des sogenannten Unitaritätsdreiecks sind. Es handelt sich hierbei um ein Dreieck in der komplexen Ebene mit ρ und η als Achsen. Die Seiten werden durch Komponenten von V_{CKM} repräsentiert.

2.3 Parametrisieren von Formfaktoren

Der wie in Abschnitt 2.2.2.2 dargestellte hadronischen Strom $h_{\mu}^{c\dagger}$ lässt sich aufgrund von starken Wechselwirkungen zwischen den Hadronkonstituenten nicht so einfach schreiben, sondern wird, wie in Abschnitt 2.1.3 bereits vorweggenommen, durch einheitenlose Formfaktoren ausgedrückt [9]. Dieser Sachverhalt wird am für den betrachteten Zerfall relevanten Feynmangraphen in Abbildung 2.2 dargestellt. Da die Austauschbosonen der QCD, die Gluonen g, einen störungstheoretisch nicht ermittelbaren Einfluss auf den schwachen zerfall haben, ist die Betrachtung einer Vier-Fermionen-Wechselwirkung unzureichend. In einem Zweikörper-Zerfall $E \to PQ$ sind zwei Freiheitsgrade möglich, die den Prozess charakterisieren. Dies sind die Viererimpulse des Eduktteilchens p_E und des Produktteilchens p_P, da der Viererimpuls des verbliebenen Produktteilchens q von

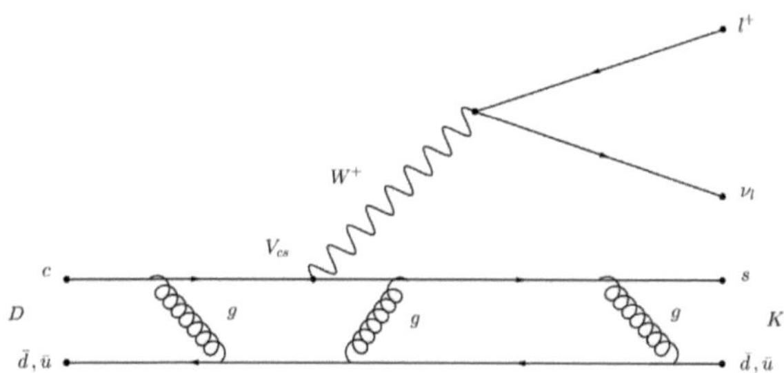

Abbildung 2.2: Feynmangraph zum $D \to \bar{K}l^+\nu_l$ Zerfall.

den vorigen determiniert wird. Da der vektorielle Anteil des schwachen Stroms V^μ aus (2.15) nicht erhalten ist, gibt es hierbei zwei Formfaktoren $f_\pm$, die der Beschreibung der allgemeinsten Form dienen

$$\langle K(p_K)\,|V^\mu|\,D(p_D)\rangle = f_+(q^2)(p_D + p_K)^\mu + f_-(q^2)(p_D - p_K)^\mu. \tag{2.31}$$

Es gibt viele Ansätze, diese Formfaktoren zu bestimmen. Neben dem theoretischen Weg über die Gitterquantenchromodynamik, existieren einige Parametrisierungen, die anhand experimenteller Daten einen Zugang ermöglichen. Die Pol-Parametrisierungen weisen ein schlechtes Konvergenzverhalten nahe der semileptonischen Bereiche des Impulsübertrags q^2 auf, was Zweifel an einer korrekten Berechnung des Formfaktors aufkommen lässt [10]. Eine Darstellung, die ein solches Problem nicht hat, ist eine der z-Reihenentwicklungen [11]

$$f(q^2) = \frac{1}{1 - \frac{q^2}{m_D^{*2}}} \sum_{i=0}^{\infty} a_i\, z^i(t_0, q^2). \tag{2.32}$$

Die Koeffizienten a_i sind aus einem Fit zu bestimmende Größen. Die Konvergenz der Reihe wird dadurch gesichert, dass $|z| < 1$ im physikalischen Bereich. Der Ausdruck für z wird dargestellt durch

$$z(t_0, q^2) = \frac{\sqrt{t_+ - q^2} - \sqrt{t_+ - t_0}}{\sqrt{t_+ - q^2} + \sqrt{t_+ - t_0}}, \tag{2.33}$$

worin $t_\pm$ durch $t_\pm = (m_D \pm m_K)$ bestimmt sind und $0 \leq t_0 < t_+$ als ein konstantes Optimum gewählt wird, was klassischerweise zu $t_0 = t_+(1 - (1 - t_-/t_+)^{1/2}) =: t_{\mathrm{opt}}$

bestimmt wird, da es den Maximalwert von $|z(t_0, q^2)|$ minimiert.

Bei Übergängen mit nicht verschwindendem Axialvektorstrom A^μ, wie zum Beispiel von einem pseudoskalaren zu einem vektoriellen Teilchen, treten weitere Formfaktoren auf. Die Ausdrücke für diesen Strom und die Abhängigkeiten der Formfaktoren $A_i(q^2)$ sind teilweise sehr komplex, sodass, wegen der hier nicht bestehenden Relevanz, nicht näher darauf eingegangen wird.

Kapitel 3

Ergebnisse

Die möglichen Formfaktoren des betrachteten Zerfalls werden im Folgenden diskutiert, nachdem der physikalisch mögliche Bereich des Impulsübertrags berechnet worden ist. So werden die Axialvektorformfaktoren unter Paritätsbetrachtungen und f_- aufgrund von vernachlässigbarer Leptonenmassen verschwinden. Schließlich wird der einzig verbliebene Formfaktor f_+ unter Minimierung einer χ^2-Funktion bestimmt.

3.1 Kinematische Größen

Die Formfaktoren werden allgemein in Abhängigkeit des Impulsübertrags q^2 angegeben. Da dieser nicht beliebige Werte annehmen kann, ist es sinnvoll, den möglichen Wertebereich zu ermitteln. In Abbildung 3.1 sind die beiden Randbereiche dargestellt. Im linken Teil des Bildes ($q^2 = q^2_{\mathrm{min}}$) befindet sich das entstehende Kaon wieder in Ruhe und im rechten Teil ($q^2 = q^2_{\mathrm{max}}$) nimmt es die gleiche Menge an Impuls auf, wie das Leptonenpaar. Zur Berechnung wird, entsprechend den Regeln der Vierer-Impuls-Algebra, die Vierer-Impuls-Erhaltung im Ruhesystem des D-Mesons betrachtet

$$p_D^\mu = p_K^\mu + p_l^\mu + p_\nu^\mu$$
$$p_D^\mu - p_K^\mu = q^\mu = p_l^\mu + p_\nu^\mu$$
$$\left(p_D^\mu - p_K^\mu\right)^2 = q^2 = (p_l^\mu + p_\nu^\mu)^2$$
$$m_D^2 + m_K^2 - 2m_D E_K = q^2 = m_l^2 + m_\nu^2 + E_l E_\nu - |\vec{p}_l||\vec{p}_\nu| \cos(\xi). \tag{3.1}$$

An diesem Ausdruck lässt sich der in Abschnitt 2.1.3 verwandte Zusammenhang zwischen Energie und Impulsübertrag $dE = dq^2/2m_D$ erkennen. Sollte das Kaon sich nach dem Zerfall in Ruhe befinden, so ist $E_K = m_K$, woraufhin $q^2 = (m_D - m_K)^2$

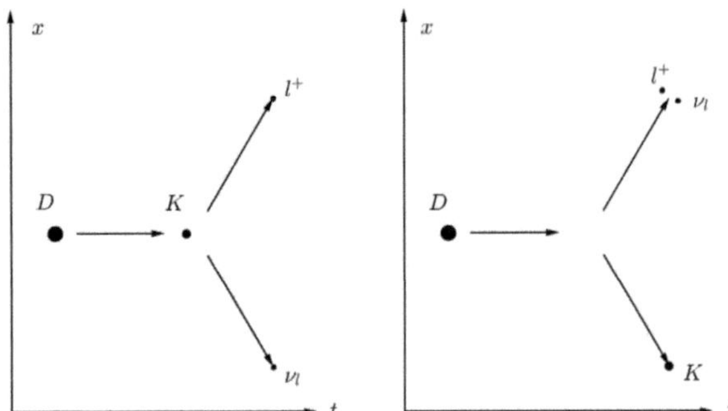

Abbildung 3.1: Zwei Zerfallsmöglichkeiten des D^+-Mesons mit extremalen q^2-Werten.

wäre. Für vernachlässigbare Leptonmassen $(m_l = m_\nu = 0)$, gilt $E = |\vec{p}|$ und q^2 verschwindet, falls die Impulsrichtungen der Leptonen in die gleiche Richtung zeigen, also der Zwischenwinkel $\xi = 0$. Es resultiert ein Wertebereich von

$$0 \leq q^2 \leq (m_D - m_K)^2. \tag{3.2}$$

Mit diesen Randwerten für den physikalischen Bereich kann man nun den Wertebereich der z-Entwicklung (2.33) für beliebige t_0 bestimmen. Da eine hinreichend schnelle Konvergenz zur Fehlerminimierung förderlich ist, ist es wünschenswert, dass ihr Betrag immer möglichst gering ist. In folgender Tabelle sind für drei Wahlen von t_0 die Randwerte angegeben

t_0	$|z(t_0, q^2)|_{\max}$
0	0,102
t_{opt}	0,051
t_+	1,000

Tabelle 3.1: Maximalwerte des $|z|$-Polynoms für verschiedene t_0. t_{opt} nach Abschnitt 2.3.

3.2 Die Axialvektorformfaktoren und f_-

Wie an manchen Stellen bereits erwähnt und vorausgesetzt, verschwinden die Formfaktoren des Axialvektorstroms. Formfaktoren beschreiben starke Wechselwirkungen zwischen dem zerfallenden Quark (hier c) und dem Spectatorquark (hier $\bar{d}$, $\bar{u}$), was heißt, dass die Parametrisierung des Vektor- bzw. des Axialvektorstroms dasselbe Paritätstransformationsverhalten haben müssen. Die Ströme besitzen ein Paritätsverhalten von

$$\mathcal{P}\left\langle \bar{K}^0 \left| V^\mu \right| D^+ \right\rangle = (-1) \cdot (-1) \cdot (-1) = -1$$
$$\mathcal{P}\left\langle \bar{K}^0 \left| A^\mu \right| D^+ \right\rangle = (-1) \cdot (+1) \cdot (-1) = +1.$$

Aus den beiden einzigen Freiheitsgraden des Zerfalls, den Impulsen p und p', und dem Levi-Civita-Symbol $\epsilon^{\mu\nu\alpha\beta}$ lassen sich alle möglichen Darstellungen von Strömen mit unbestimmten Vorfaktoren schreiben als

$$\underbrace{p^\mu}_{V}; \quad \underbrace{p'^\mu}_{V}; \quad \underbrace{p^\mu p'_\mu}_{S}; \quad \underbrace{\epsilon^{\mu\nu\alpha\beta} p_\alpha p'_\beta}_{T}, \tag{3.3}$$

wobei die Größen unter den Klammern das entsprechende Transformationsverhalten angeben. Daraus ergibt sich, dass die einzigen vektoriellen Beiträge wie Vektoren V und nicht wie Axialvektoren A transformieren. Damit ein solcher Beitrag existieren könne, müsse er aufgrund seiner Eigenschaft $J^P = 1^+$ eine Struktur, wie $A^\mu = \epsilon^{\mu\alpha\beta\gamma} p_\alpha\, p'_\beta\, p''_\gamma$ haben, mit einem weiteren Freiheitsgrad p''. Da dieser zur Konstruktion jedoch nicht vorhanden ist, verschwindet der Axialvektoranteil.

Um nachzuvollziehen was mit f_- geschieht, wird das Matrixelement aus (2.15) ohne f_+ betrachtet. Der Impulsübertrag q ist nicht nur die Differenz der mesonischen Viererimpulse, sondern auch die Summe der leptonischen

$$\begin{aligned}
M_- &= \frac{G_F V_{cs}}{\sqrt{2}} f_-(q^2)(p_D - p_K)^\mu \bar{u}_\nu \gamma_\mu (1 - \gamma_5) v_l \\
&= \frac{G_F V_{cs}}{\sqrt{2}} f_-(q^2)(k_\nu + k_l)^\mu \bar{u}_\nu \gamma_\mu (1 - \gamma_5) v_l.
\end{aligned}$$

Unter Einbeziehung des leptonischen Stroms ersetzt die Dirac-Gleichung (2.5) die k_i durch die zugehörigen Massen

$$\begin{aligned}
&= \frac{G_F V_{cs}}{\sqrt{2}} f_-(q^2) \bar{u}_\nu (\slashed{k}_\nu + \slashed{k}_l)(1 - \gamma_5) v_l \\
&= \frac{G_F V_{cs}}{\sqrt{2}} f_-(q^2) \bar{u}_\nu (m_\nu + m_l)(1 - \gamma_5) v_l,
\end{aligned}$$

die im Verhältnis zur D-Mesonmasse für $l = \mu$ oder $l = e$ vernachlässigbar sind, woraufhin M_- verschwindet.

3.3 Fit des Formfaktors f_+

In Abschnitt 2.1.3 ist ein kompakter Ausdruck für den Zusammenhang der differentiellen Zerfallsrate und dem Formfaktor f_+ hergeleitet worden. Da der Formfaktor nicht analytisch berechenbar ist, wird er entsprechend der Parametrisierung (2.32) nach der Methode der kleinsten Quadrate an den experimentell erhobenen Daten für die partiellen Zerfallsraten gefittet. Im Rahmen der Messmethoden, ist es nicht möglich, eine genaue Zuordnung eines gemessenen Zerfalls zum entsprechenden Impulsübertrag zu erreichen, weshalb die Zerfallsraten für diskrete Bereiche angegeben werden.

3.3.1 Methode der kleinsten Quadrate

Es ist praktisch nie der Fall, dass eine Fitfunktion alle Messwerte genau erfasst. Die entstehenden Diskrepanzen zwischen Messpunkt und Fitfunktion werden quadriert, damit sie immer einen positiven Wert haben und bei der Methode der kleinsten Quadrate geht es darum, eben die Funktion zu extrahieren, die die kleinsten quadratischen Abweichungen zu den Messpunkte hat. Die zu minimierende Funktion wird als χ^2 bezeichnet, die durch die Summe über die Anzahl diskreter Intervalle m vom Produkt aus Differenzen experimenteller Daten $\Delta\Gamma$ und zugehörigen, theoretischen Vorhersagen g, verknüpft über die Inverse einer Kovarianzmatrix C, gegeben ist:

$$\chi^2 = \sum_{i,j=1}^{m} (\Delta\Gamma_i - g_i(f_+))C_{ij}^{-1}(\Delta\Gamma_j - g_j(f_+)). \tag{3.4}$$

Durch die nie ganz abschirmbare Hintergrundstörung, Strahlungen der Endteilchen (FSR) oder Monte Carlo Simulationen (MC), die zur Rekonstruktion von Teilchenpfaden in Detektoren genutzt werden, entstehen unter anderem und neben statistischen Unsicherheiten Fehlerquellen σ für die individuellen Zerfallsraten, die, ebenso wie die Messwerte $\Delta\Gamma$ in [10] mit den zugehörigen q^2-Intervallen angegeben sind. Die Zuordnung der Zerfallsraten zu den q_i^2 erfolgt leider ebenfalls nicht fehlerfrei. Die dadurch entstehenden Korrelationen zwischen diesen Intervallen sind teils statistischer und teils systematischer Natur, deren Matrixdarstellungen ebenfalls in [10] zu finden sind. Die zu invertierende Kovarianzmatrix setzt sich additiv aus den Kovarianzmatrizen mit den statistischen bzw. den systematischen Beiträgen zusammen

$$C = C^{\text{stat}} + C^{\text{sys}}. \tag{3.5}$$

Ihre jeweiligen Einträge ergeben sich aus den kennzeichnenden Korrelationsmatrixeinträgen ρ_{ij} und den entsprechenden Kovarianzen

$$C_{ij}^\alpha = \sigma_i^\alpha \sigma_j^\alpha \cdot \rho_{ij}^\alpha, \qquad \alpha = \text{stat, sys.} \tag{3.6}$$

Die Funktion des hier verwandten, theoretischen Modells stellt das Integral der differentiellen Zerfallsbreite über q^2 dar und berechnet sich aus (2.22) zu

$$g_i(f_+) = \Gamma_{\text{theo},i} = \frac{G_F^2 |V_{cs}|^2}{24\pi^3} \int |p_K(q_i^2)|^3 \cdot |f_+(q_i^2)|^2 \, dq_i^2, \tag{3.7}$$

das sich zwar nicht analytisch, jedoch aufgrund der guten Konvergenzeigenschaften der beitragenden Terme auf numerischem Weg lösen lässt.

3.3.2 Der Minimierungsprozess durch `Minuit`

Nun da alle Größen zur Bestimmung der χ^2-Funktion bekannt sind, wird ein Algorithmus benötigt, der unter der Minimierung die Reihenkoeffizienten des in (3.7) auftauchenden und in (2.32) definierten Formfaktors berechnet. Wegen der komplizierten Zusammenhänge, die hier existiteren, wird der Computer diesen Prozess durchführen, welcher in einem `Python`-Skript unter Zuhilfenahme des am CERN erstellten Minimierungswerkzeug `Minuit` [12] dargestellt ist. Aus diesem Modul werden zudem die Unsicherheiten der Koeffizienten berechnet und für den Verlauf des Formfaktors an jedem Punkt eine Standardabweichung durchgeführt, die zu den in den Abbildungen aus Abschnitt sichtbaren "Schläuchen" um den Funktionsgraphen führen.

3.3.3 Resultate unter Variation von t_0 und der Polynomordnung

Mit dem eben dargestellten Skript, ist es nun möglich, den Fit der Formfaktoren durchzuführen. Der als Optimum frei wählbare Parameter t_0 und die Ordnung des Polynoms, bis zu der die Reihenkoeffizienten berechnet werden gelten hier als Größen, die variert werden können, um ihren Einfluss auf das Ergebnis zu prüfen. Aus [10] werden die nötigen Werte entnommen, also die Zerfallsraten $\Delta\Gamma$ mit den zugehörigen q^2-Bins, sowie die entsprechenden statistischen und systematischen Kovarianzen σ und die Korrelationsmatrizen ρ. In den folgenden Bildern sind nacheinander für beide Zerfallskanäle gleiche t_0-Werte nebeneinander aufgetragen, während die Polynomordnung $\mathcal{O}$ entweder eins oder zwei ist.

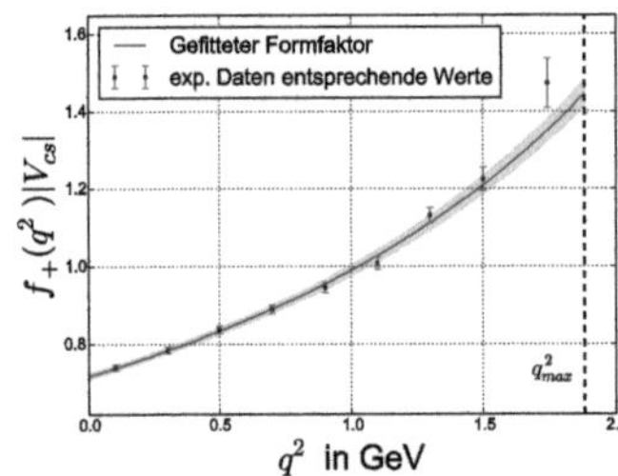

Abbildung 3.2: $D^0 \to K^- l^+ \nu$: $t_0 = 0$, $\mathcal{O} = 1$.

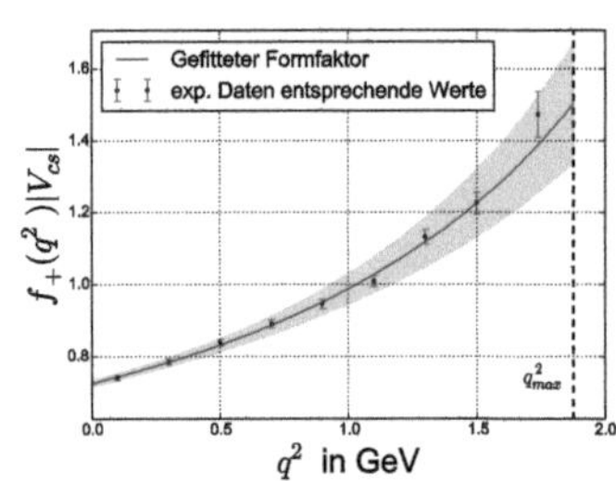

Abbildung 3.3: $D^0 \to K^- l^+ \nu$: $t_0 = 0$, $\mathcal{O} = 2$.

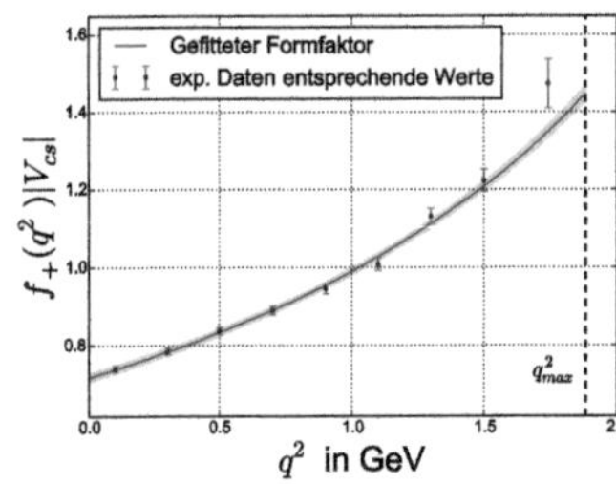

Abbildung 3.4: $D^0 \to K^- l^+ \nu$: $t_0 = t_{\mathrm{opt}}$, $\mathcal{O} = 1$.

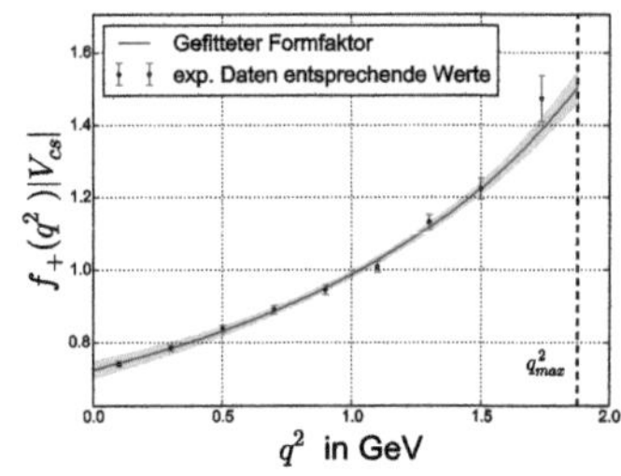

Abbildung 3.5: $D^0 \to K^- l^+ \nu$: $t_0 = t_{\mathrm{opt}}$, $\mathcal{O} = 2$.

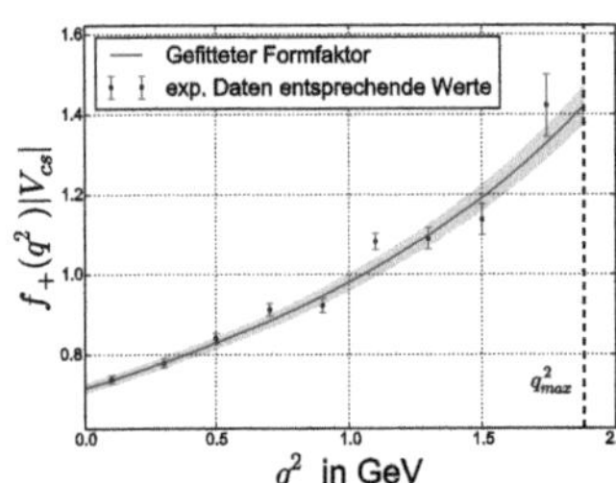

Abbildung 3.6: $D^+ \to \bar{K}^0 l^+ \nu$: $t_0 = 0$, $\mathcal{O} = 1$.

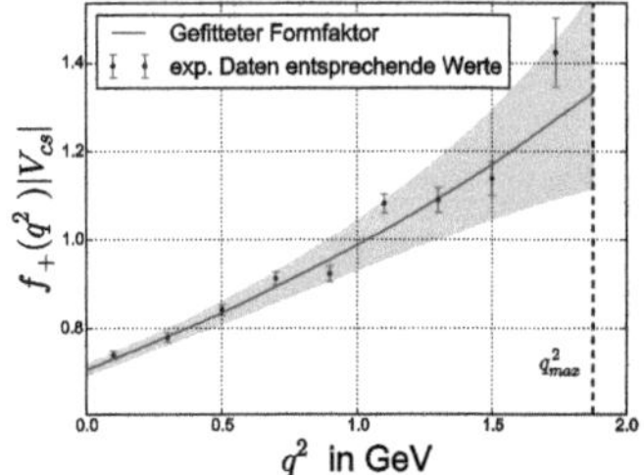

Abbildung 3.7: $D^+ \to \bar{K}^0 l^+ \nu$: $t_0 = 0$, $\mathcal{O} = 2$.

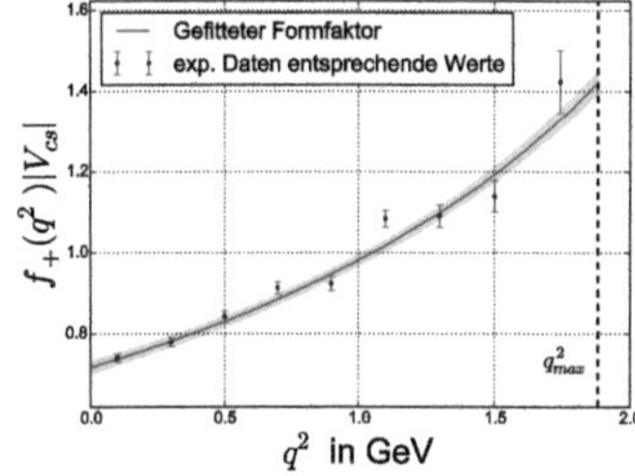

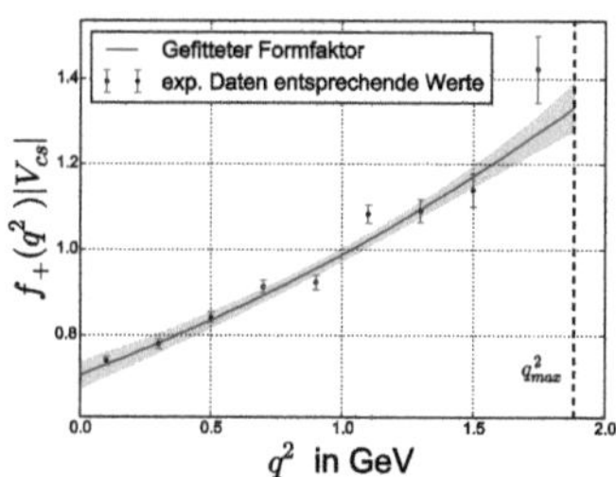

Abbildung 3.8: $D^+ \to \bar{K}^0 l^+ \nu$: $t_0 = t_{\text{opt}}$, $\mathcal{O} = 1$.

Abbildung 3.9: $D^+ \to \bar{K}^0 l^+ \nu$: $t_0 = t_{\text{opt}}$, $\mathcal{O} = 2$.

Die Reihenkoeffizienten, das Ergebnis für χ^2 und der Startwert des Formfaktors sind in Tabelle 3.2 aufgeführt. Für die Wahl $t_0 = 0$ entspricht a_0 exakt dem Formfaktorstartwert, wie man mit (2.33) nachvollziehen kann.

t_0-Variation:

Für die Variation in t_0 sind die Null und t_{opt} verwandt worden. Abhängig von der Polynomordnung kann man erkennen, dass für $t_0 = t_{\text{opt}}$ die Fehler deutlich schwächer im Verlauf der q^2-Achse zunehmen, als im Fall für $t_0 = 0$. Besonders im Zerfallskanal $D^+ \to \bar{K}^0 l^+ \nu$ in den Abbildungen 3.7 und 3.5 lässt sich das sehr gut erkennen, wo die Ordnung $\mathcal{O} = 2$ ist. Aufgrund der Minimierung des Maximums von $|z(t_0 q^2)|$ durch $t_0 = t_{\text{opt}}$ ist der Fehler im gesamten Verlauf des Formfaktors verglichen mit der Wahl $t_0 = 0$ gering. Für den Wert von $f_+(0)|V_{cs}$ jedoch ist die Varianz geringer für $t_0 = 0$, da hier nur die Unsicherheit des ersten Reihenkoeffizienten beiträgt, die die Geringste ist.

$\mathcal{O}$-Variation:

Die Veränderung der Ordnung hat eine ähnliche Auswirkung. So nimmt die Standardabweichung für höhere q^2-Werte teils deutlich zu. Dies zeigt sich am deutlichsten im selben Zerfallskanal, da seine Messwerte weniger einer monoton steigenden Funktion entsprechend verteilt sind, für die Abbildungen 3.6 und 3.7. Die Erklärung liegt darin, dass die sehr hohe Varianz des Koeffizienten a_2 nach Tabelle 3.2 für den höher energetischen Bereich zunehmend an Gewicht gewinnt. Weiterhin kann man feststellen, dass die Polynomordnung $f_+(0)$ nur geringfügig manipuliert. Wie Tabelle 3.2 eben-

			$D^0 \to K^- l^+ \nu$			
$\mathcal{O}$	t_0	a_0	a_1	a_2	χ^2	$f_+(0)|V_{cs}|$
1	0	0.718(7)	-0.541(166)	-		
	t_{opt}	0.746(7)	-0.540(165)	-		
					4,3	0,718
2	0	0.725(9)	0.038(519)	7.915(6.712)		
	t_{opt}	0.744(7)	-0.775(257)	7.876(6.691)		
					2,9	0,725

			$D^+ \to \bar{K}^0 l^+ \nu$			
$\mathcal{O}$	t_0	a_0	a_1	a_2	χ^2	$f_+(0)|V_{cs}|$
1	0	0.718(12)	-0.422(208)	-		
	t_{opt}	0.739(10)	-0.421(207)	-		
					14,0	0,718
2	0	0.707(14)	-1.356(685)	-12.580(8.808)		
	t_{opt}	0.744(10)	-0.071(324)	-12.560(8.780)		
					12,0	0,707

Tabelle 3.2: Reihenkoeffizienten, das minimierte χ^2, sowie der Startwert des Formfaktors $f_+(0)|V_{cs}|$ mit t_{opt} nach Abschnitt 2.3. Die statistischen Fehler werden in Klammern angegeben.

falls entnehmbar ist, sind Veränderungen des Formfaktorstartwerts durch Erhöhung der Ordnung erst in der zweiten Nachkommastelle feststellbar.

Formfaktorvergleich und Extraktion des CKM-Elements

Der Vergleich der ermittelten Formfaktoren mit denen der CLEO Collaboration [10] zeigt, dass die hier verwandte Parametrisierung die Formfaktoren sehr gut beschreibt. Eine Gegenüberstellung mit einer ähnlichen Parametrisierung (3 par. series) mit einem anderen Vorfaktor befindet sich in Tabelle 3.3

	$f_{+,\mathrm{fit}}\,|V_{cs}|$	$f_{+,\mathrm{CLEO}}\,|V_{cs}|$
$D^0 \to K^- l^+ \nu$	0,725	0,726
$D^+ \to \bar{K}^0 l^+ \nu$	0,707	0,707

Tabelle 3.3: Vergleich der gefitteten Formfaktoren mit denen der CLEO Collaboration bei ähnlichen Parametrisierungen.

Mit den Ergebnissen der LQCD [10] lässt sich das CKM-Element V_{cs} durch Division aus dem gefitteten Wert errechnen, wodurch sich mit der hier verwandten Parametrisierung ein Wert von

$$V_{cs,D^+} = 0{,}97 \qquad \text{bzw.} \qquad V_{cs,D^0} = 0{,}99 \tag{3.8}$$

ergibt, was gemittelt für den Zerfall verglichen mit dem Wert des PDG [5] sehr gut übereinstimmt.

Kapitel 4

Zusammenfassung und Ausblick

Nach einer Einführung in die Relativistik und die Quantenmechanik ist die differentielle Zerfallsrate für den betrachteten Zerfall als Ausdruck der Formfaktoren explizit ausgerechnet worden. In der Beschreibung des hadronischen Matrixelements ist der Begriff des Formfaktors eingeführt worden, der im weiteren Verlauf immer wieder auftaucht und gegen Ende der theoretischen Grundlagen eine Parametrisierung erfährt. Diese stellt eine Reihenentwicklung in einer Funktion dar, die recht kompliziert vom variablen Impulsübertrag q^2 abhängt und verglichen mit anderen Parametrisierungen gute Konvergenzeigenschaften aufweist. Im physikalischen Bereich dieser Variablen ist der Formfaktor stetig und läuft außerhalb davon auf einen Pol zu. Nach der Ermittlung dieses Bereichs sind die meisten, allgemein auftauchenden Formfaktoren nicht weiter betrachtet worden, da sie für die vorliegende Struktur keinen Beitrag liefern, sodass ein einzielner übrig bleibt. Dieser wird durch ein `Python`-Skript durch Minimierung einer χ^2-Funktion mithilfe des Moduls `Minuit` vom CERN an Messwerten der CLEO-Collaboration gefittet und ergibt einen Wert von $f_+(q^2 = 0)|V_{cs}| = 0{,}707$ für den Zerfall des D^+-Mesons und einen Wert von $f_+(0)|V_{cs}| = 0{,}725$ für ein zerfallendes D^0-Meson. Das hierbei auftauchende Matrixelement $|V_{cs}|$ lässt sich hierbei durch Division eines Formfaktors ermitteln, der durch ein Verfahren der Gitterquantenchromodynamik bestimmt wird.

Da es ein Ziel der Elementarteilchenphysik ist, die Unitarität der CKM-Matrix zu bestimmen, ist es erforderlich, die anderen Elemente durch ähnliche Operationen zu bestimmen. Diese stellen die Größen, die nötig sind, um die Seitenlängen und Winkel des Unitaritätsdreiecks, gebildet aus freien Parametern der CKM-Matrix, auszurechnen. Der Flächenihalt dieses Dreiecks gibt ein Maß für die CP-Verletzung an und dient der Überprüfung, ob sie ausgereicht hat, das Materie-Antimaterie-Ungleichgewicht zu Beginn des Universums zu erzeugen.

Literaturverzeichnis

[1] Nedden zur, M.: *Detektoren der Elementarteilchenphysik*[pdf], 2006
http://www-hera-b.desy.de/people/nedden/lectures/05_06/dettph/dettph_cont.pdf

[2] Schleper, P.: *Teilchenphysik für Fortgeschrittene*[pdf], 2011
http://www.desy.de/~schleper/lehre/

[3] Bjorken, J.D., Drell, S.D.: *Relativstic Quantum Mechanics*, 1964, 1st edition
ISBN-13 978-0072320022

[4] Griffiths, D.: *Introduction to Elementary Particles*, 2008, 1st edition
ISBN-13 978-3527406012

[5] Beringer, J. et al.: *Particle Data Group*, Phys. Rev. D86, 010001, 2012

[6] Grotz, K., Klapdor H.V.: *Die schwache Wechselwirkung in Kern-, Teilchen- und Astrophysik*, 1989, 1st edition, ISBN-13 978-3519030355

[7] Offen, N.: *B-Zerfallsformfaktoren aus QCD-Summenregeln*, 2008
http://d-nb.info/987811061

[8] Sibold, K.: *Theorie der Elementarteilchen*, 2001, 1st edition,
ISBN-13: 978-3519032526

[9] Ho-Kim, Q., Pham, X.: *Elementary Particles and Their Interactions*, 1998,
ISBN-13: 978-3540636670

[10] Besson, D., et al. (CLEO Collaboration), 2009, Phys. Rev. D 80, 032005

[11] Bourrely, C., Caprini, I., Lellouch, L., 2009, Phys. Rev. D 79, 013008

[12] James, F.: *MINUIT Tutorial - Function Minimization*, 1972,
seal.web.cern.ch/seal/documents/minuit/mntutorial.pdf

Danksagung

Ich möchte mich bei Herrn Stefan de Boer dafür bedanken, dass er sich sehr viel Zeit genommen hat und mich bei inhaltlichen und konzeptionellen Fragen stets unterrichtet hat.